PREMIER SUPPLÉMENT

AU

CATALOGUE DES LÉPIDOPTÈRES

DU PUY-DE-DOME,

Par A. GUILLEMOT,

Associé correspondant de l'Académie des sciences, belles-lettres et arts de Clermont-Ferrand ;
Membre des Sociétés entomologique de France et impériale zoologique d'acclimatation ;
Correspondant des Sociétés linnéenne de Lyon et d'émulation du département du Doubs.

Extrait des Annales scientifiques, littéraires et industrielles de l'Auvergne.

CLERMONT,

IMPRIMERIE DE FERDINAND THIBAUD, LIBRAIRE,

Rue Saint-Genès, 10.

1858.

PREMIER SUPPLÉMENT

AU

CATALOGUE DES LÉPIDOPTÈRES

DU PUY-DE-DOME,

Par A. GUILLEMOT,

Associé correspondant de l'Académie des sciences, belles-lettres et arts de Clermont-Ferrand ;
Membre des Sociétés entomologique de France et impériale zoologique d'acclimatation ;
Correspondant des Sociétés linnéenne de Lyon et d'émulation du département du Doubs.

Extrait des Annales scientifiques, littéraires et industrielles de l'Auvergne.

CLERMONT,

IMPRIMERIE DE FERDINAND THIBAUD, LIBRAIRE,

Rue Saint-Genès, 10.

1858.

PREMIER SUPPLÉMENT

AU

CATALOGUE DES LÉPIDOPTÈRES

DU PUY-DE-DÔME.

Moins de trois ans se sont écoulés depuis la publication de mon CATALOGUE DES LÉPIDOPTÈRES DU PUY-DE-DÔME : pendant cet espace de temps, j'ai fait plusieurs excursions lointaines, au grand détriment des recherches locales ; et cependant j'ai déjà beaucoup à ajouter à ce travail. L'histoire naturelle est un champ si vaste, qu'il y a toujours à faire, toujours à découvrir ; et surtout quand il s'agit d'une province aussi richement dotée par la Providence que la nôtre, qui, grâce à ses diverses conditions de sols et d'altitudes, réunit tant de productions différentes. Je suis convaincu aujourd'hui, et l'expérience de chaque jour vient corroborer chez moi cette opinion, que nous devons trouver en Auvergne à peu près tous les végétaux et les animaux du reste de la France, si nous exceptons ceux des zones les plus élevées des Alpes et des Pyrénées, des rivages de nos deux mers, et des parties très-chaudes du Languedoc et de la Provence, qui sont dans des conditions que rien ne peut suppléer. Bien des découvertes sont déjà faites; mais ce qui reste encore à faire est immense.

J'ai pensé qu'un supplément à mon Catalogue ne serait pas absolument dénué d'intérêt. Le titre de *Premier* que je lui donne indique surabondamment que j'ai l'espoir de pouvoir le faire suivre successivement de plusieurs autres, surtout si les circonstances me permettent d'explorer avec soin et détail plusieurs de nos cantons que je connais à peine, et qui, à en juger par leur flore, doivent offrir encore du nouveau en Entomologie.

Dans ce supplément figureront un certain nombre d'espèces nouvelles pour notre faune, des observations récentes sur d'autres déjà signalées, des additions de localités, et quelques rectifications, celles-ci en très-petit nombre et portant généralement sur des déterminations douteuses ou controversées; car dans mon premier travail j'avais été très-réservé sur tout ce que je ne savais pas *de visu*.

Celui-ci sera divisé en deux parties, la première consacrée aux espèces nouvellement observées, y compris celles signalées déjà dans un *Addenda* au Catalogue de 1854, *Addenda* qui n'a pas paru dans les *Annales :* dans la seconde viendront se ranger les observations de toute nature sur diverses espèces figurant déjà dans ce Catalogue.

Notre collègue et mon ami, M. Lamotte, ne trouvera pas mauvais, je l'espère, que je profite de cette occasion pour relever une petite erreur de calcul qui lui est échappée dans son rapport sur ce mémoire. Il porte à 70 seulement le nombre des GÉOMÈTRES que j'indique, tandis qu'il est de 170. Il en résulte que le nombre total des espèces du Catalogue est en réalité de 600 au lieu de 500.

PREMIÈRE PARTIE.

Espèces nouvellement observées.

LYCÆNA ALCON, F. Environs de Lachaux. Juillet, août.

J'ai pris au commencement d'août 1854, en assez bon nombre, ce *Lycæna*, dans une prairie humide et tourbeuse, à la base nord de la montagne dite Redsoul ou la Grande-Pierre, près de Lachaux. La plus grande partie des sujets avaient évidemment plusieurs jours d'éclosion, et étaient nés en juillet. Vu le retard qui fut remarqué cette année-là pour toutes les espèces, l'époque ordinaire d'*Alcon* doit être du 15 au 20 juillet. Le type est plus petit que celui des environs de Paris, et surtout que celui de la Gironde.

ARGE GALATHEA, *var*. BITORENSIS, mihi.

J'ai parlé dans mon Catalogue d'un type de *Galathea*

pris à Bitor. Ayant aujourd'hui reconnu dans ce type une variété locale et constante, je crois utile de la nommer et de la décrire.

Le dessin de l'espèce typique n'a subi aucune modification; mais la teinte générale, au lieu d'être d'un jaune plus ou moins foncé, est d'un blanc pur. Il n'y a pas lieu d'être induit en erreur par des sujets passés et usés : j'ai constaté sur des centaines d'individus types, en tout état de conservation, que la couleur jaune persiste toujours, tandis que la variété, fraîche ou non, se reconnaît très-bien à sa couleur, même au vol et à une grande distance.

Précédemment j'avais pris seulement 3 ou 4 individus ♂, toujours isolés, et je n'avais jamais vu la ♀. L'espèce type est très-abondante dans la localité, et ne diffère pas de celle qu'on trouve dans tout le centre de la France. Cette année 1856, où l'espèce était moins commune qu'à l'ordinaire, la variété l'a été beaucoup plus; ce que je ne puis attribuer qu'aux pluies exceptionnelles des mois d'avril et de mai. Autant que l'on peut faire de semblables calculs, elle m'a paru pour les ♂ dans la proportion de 1 sur 20 environ; et pour les ♀, de 1 sur 40 ou 50. J'ai pris une couple d'individus paraissant former le passage.

Ayant depuis plusieurs années l'éveil sur cette variété, j'ai dans bien des localités différentes chassé spécialement *Galathea*, et n'ai nulle part rien trouvé qui s'en rapprochât. Je suis donc fondé à la considérer comme tout à fait locale; c'est ce qui m'a déterminé à lui imposer le nom de BITORENSIS, qui indique son habitat.

C'est encore dans les mêmes parages que j'ai pris, au mois de juillet dernier, mais en exemplaire unique, une aberration ♂, qui mérite une mention particulière.

Elle est en-dessus d'un jaune paille assez pâle : la tache noire discoïdale est très-amincie, et se joint à peine à la cellulaire par un linéament ténu : la large bordure noire s'est déchiquetée en losanges irréguliers, et dans leurs intervalles, des triangles de la couleur du fond s'appuient immédiatement sur la frange. Aux inférieures, mêmes modifications, mais plus sensibles encore par la disparition de la bordure noire, et l'effacement presque complet des taches discoïdales. En-dessous, toute la bordure noire a aussi disparu, ainsi que tout le dessin des inférieures, à part les nervures et quelques traces des yeux. A ne considérer que le dessous des inférieures, cette aberration est tout le contraire de *Galene*, où les yeux n'existent plus, tandis que le reste du dessin a persisté.

Le mamelon de *Bitor*, dont il sera plusieurs fois question dans ce mémoire, est très-remarquable par sa flore et sa faune spéciale. Il offre aussi un intérêt d'un autre genre : des fouilles, pratiquées au printemps dernier, y ont fait découvrir les ruines de vastes constructions, remontant probablement à une antiquité très-reculée; mais il serait hors de propos de s'étendre ici sur ce sujet.

Erebia OEme, II. Pierre-sur-Haute, pentes sud et ouest, près des jasseries de la Richarde, au haut des bois de sapins. Juillet.

OEme ne doit pas être rare dans cette localité, et probablement dans d'autres analogues des environs. Lorsque je l'y ai pris, les premiers jours d'août, tous les ♂ étaient usés, quelques ♀ seules étaient fraîches. Il volait en compagnie d'*Euryale*, mais était bien moins abondant que lui : *OEme* n'avait pas encore été signalé dans les montagnes du centre de la France, et était regardé comme spécial aux Alpes.

Satyrus Philea, H. Pierre-sur-Haute, mêmes localités. Juillet.

Philea paraît commun; mais il était encore plus usé que *OEme*; à peine ai-je pu en prendre quelques sujets passables. Le type est très-bien caractérisé, intermédiaire pour la taille entre celui des Alpes de Savoie et celui du Valais ou des Basses-Alpes: il se distingue d'*Arcanius* beaucoup mieux que ce dernier. *Philea*, comme *OEme*, n'avait pas encore été pris dans la France centrale.

Je n'ai fait à Pierre-sur-Haute qu'une courte excursion, en août 1854; encore fut-elle très-contrariée par le temps. Je n'ai pu me faire une idée des richesses entomologiques de ces montagnes, dont la faune doit différer essentiellement de celle du Mont-Dore: les deux espèces signalées ci-dessus en sont une preuve. Il est fâcheux que le pays offre peu de ressources matérielles, es villages où on peut se loger étant assez éloignés des hauts sommets.

Lasiocampa Pini, L. Bois de pins, à Saint-Rémy, Paslières, etc. Juillet, août.

Ainsi que je le pressentais, j'ai enfin rencontré cette belle espèce. En juin 1854, je trouvai dans les bois de Colonge, près de Saint-Rémy, sur le tronc de vieux pins, deux coques, dont l'une vide et déjà ancienne, l'autre vivante, qui me donna une ♀. La présence de l'espèce étant constatée en Auvergne, je recherchai très-soigneusement la chenille, au mois d'octobre suivant, dans les bois de pins de Paslières, et j'en pris une quinzaine. Mises en poche sur des pins de Corse (*Pinus laricio*, D C.), parce que je n'avais pas de pins sylvestres convenablement placés, elles y ont très-bien passé l'hiver, et en 1855 j'ai pu obtenir une ponte complète, et conséquemment étudier à fond le type. Il est très-différent de celui de la Gironde, d'un tiers plus petit, d'une teinte plus pâle et plus jaunâtre : la bande médiane des ailes supérieures est bien distincte par sa couleur plus claire que le fond. Ce type se rapproche beaucoup de celui de la Lozère et du Lyonnais.

J'ai obtenu, parmi les nombreuses éclosions de 1856, une assez singulière variété. C'est un ♂, chez lequel toute la moitié interne des ailes supérieures est d'un brun rougeâtre foncé, se fondant insensiblement dans la bande médiane, sans apparence de celle gris-sablé qui la précède ordinairement. De tout le dessin ordinaire de cette partie de l'aile, le point blanc subsiste seul. La bande médiane est d'un ton plus fauve que dans le type : sa bordure noire externe, qui est chez celui-ci presque continue, se trouve à peine indiquée par quelques points obscurs; la partie marginale de l'aile est beaucoup plus rougeâtre. Les ailes inférieures ne présentent rien de particulier.

Comme l'insecte parfait, notre chenille diffère de celle des environs de Bordeaux : le fond de sa couleur est d'un gris clair, sans aucune teinte rougeâtre, ni les reflets bleus de celle-ci; la coque est tout à fait semblable, mais plus petite. En ce moment j'élève simultanément une ponte de chacun des deux types : j'aurais voulu essayer des croisements, mais les éclosions n'ont pas eu lieu à la même époque, les sujets indigènes ayant précédé les autres d'une quinzaine de jours.

Noctua Bella, Bork. Montpeyroux, près Puy-Guillaume. Août. Trois ou quatre sujets à la miellée.

— Brunnea, F. Environs de Thiers. Juin.

J'ai obtenu cette année d'éclosion deux sujets seulement. Les chenilles avaient été trouvées en avril sous les plantes basses ; mais il me serait impossible de savoir ce qu'elles mangeaient dans l'état de nature. En captivité elles se sont accommodées de la primevère (*Primula officinalis*, Jacq.).

— BAJA , F. Bois de Royat. Août.

J'ai pris un seul individu, qui partit en plein jour d'une touffe de graminées, au bord du sentier qui traverse le fond du bois, près du ruisseau.

LUPERINA BASILINEA , F. Thiers, bords de la Durole, appliquée pendant le jour contre les rochers ; Montpeyroux , à la miellée. Rare dans les deux localités. Juillet.

HADENA PISI , L. Champs de Barel , près Châteldon. Juin.

J'ai trouvé en octobre 1855 une seule chenille sur le *Genista anglica*, L. Cette chenille est très-belle, et rappelle par ses couleurs certaines *Cucullia*. *Pisi* est une espèce du nord de la France : je ne crois pas qu'elle eût été prise jamais plus au midi que Paris. En Flandre, où elle est assez commune, la chenille vit sur les osiers (*Salix vitellina*, L., et *triandra*, L.). On la trouve deux fois par an, en juin et juillet, puis en septembre. Les premières donnent leurs papillons en août, et les secondes passent l'hiver en chrysalides, pour éclore en mai et juin ; il paraîtrait cependant qu'une partie des chrysalides de la première génération passe aussi l'hiver, comme nous le remarquons ici pour les *Sphinx*, et même pour le *Papilio Machaon*.

APLECTA SPECIOSA, H. Pierre-sur-Haute. Juillet.

J'ai vu et pris un seul individu en assez mauvais état : il voltigeait à la pointe du jour sur le gazon, au pied d'un vieux sapin, dans la portion la plus haute des bois, tout près et au-dessous de la jasserie du Reclavet.

DIANTHOECIA XANTHOCYANEA, H. Thiers, pentes de la Durole. Juin, juillet.

C'est cette espèce que j'avais nommée dans mon Catalogue *Filigrama*, Esp., partageant une erreur commune à presque toutes les collections de France. La véritable *Filigrama*, Esp., Tr., etc. (*Polymita*, F., H.), n'est pas une espèce française : elle est du nord de l'Allemagne.

MYTHIMNA TURCA, L. Montpeyroux, un seul individu à la miellée. Juin.

NONAGRIA FLUXA, H. Montpeyroux. Septembre.

Quatre individus pris à la lanterne par M. Millière et moi, en septembre 1855, dans un champ de genêts, sur le bord d'une prairie humide. La chenille doit vivre dans les tiges de quelque plante de la prairie.

XYLINA VETUSTA, H. Montpeyroux, deux individus à la miellée. Septembre.

HEMITHEA ÆRUGINARIA, W. V. Bois des environs de Thiers, de Châteldon, etc. Juin.

Elle doit remplacer dans mon Catalogue *Hemithea Putataria*, L., H., etc. Les auteurs français ont fait confusion entre ces deux géomètres. La véritable *Putataria*, H., est une espèce d'Allemagne qui n'a pas encore été trouvée en France.

Ennomos Advenaria, Esp. Taillis de chênes au-dessus de Puy-Guillaume. Juin.

Elle vole en plein jour, en compagnie des *Cabera Strigillaria* et *Contaminaria*, mais est bien plus rare qu'elles : on ne la prend presque jamais fraîche. Je ne connais pas la chenille, qui doit vivre sur le chêne.

— **Quercaria**, H. Bois de chênes, au-dessus de Châteldon. Août.

Elle est rare : je n'en ai pris que deux exemplaires. Elle a probablement deux générations par an, comme *Erosaria*, dont elle est très-voisine. De nouvelles observations sur celle-ci trouveront place dans la deuxième partie de ce Mémoire.

— **Dentaria**, Esp. Mêmes localités que la précédente. Mai. La chenille en septembre sur le chêne et le hêtre.

Cette chenille est rare : je l'ai prise en 1855 pour la première fois, au nombre de 5 ou 6, et ai obtenu au printemps 4 papillons ♂ et ♀, qui ne m'ont pas paru différer sensiblement du type de la France septentrionale et de l'Allemagne.

Aspilates Sacraria, L. Montpeyroux. Juin.

J'ai pris à la lanterne un seul exemplaire de cette espèce, assez commune dans le nord de l'Espagne, en Provence et en Languedoc, mais qui a été vue rarement dans la France centrale.

Eupisteria Hepararia, H. Puy-Guillaume, bords de la Credogne, Escoutoux, Lestrade, pentes boisées de la rive gauche du ruisseau : sur les aulnes. Juin.

BOARMIA CONSORTARIA , F. Bords de la Credogne sous Saint-Victor, la Poncette, etc.; bords de la Durole : sur les chênes. Juillet.

EUBOLIA CERVINARIA, Tr. Montpeyroux. Septembre.

Le seul individu que j'aie vu voltigeait à la nuit close autour d'une haie remplie de houblon.

EUBOLIA? BRUNNEARIA , Will. *(E. Vespertaria ,* Bdv ; *Geometra Vespertata ,* L., II.; *Anaitis Vespertaria ,* Dup.). Thiers, rochers des bords de la Durole près de Brioude. Septembre.

C'est mon ami, M. P. Millière , de Lyon , qui a signalé la présence de cette géomètre : il en rencontra trois individus plaqués sur un rocher très-près les uns des autres ; je ne l'ai pas revue. Cette espèce , qui n'avait encore été signalée que dans les Alpes , est assez difficile à classer, et les auteurs ne sont pas d'accord sur le genre auquel elle appartient ; mais il est évident qu'elle doit perdre le nom de *Vespertaria,* attendu que ce nom avait été imposé antérieurement par Fabricius à une autre qui doit le reprendre (la *Parallelaria,* W. V., II., Tr., etc.).

LARENTIA FLUVIARIA, Bdv. Montpeyroux. Octobre.

C'est encore à M. Millière qu'est due la découverte de cette espèce en France; il en prit à la lanterne une couple d'individus : précédemment il l'avait trouvée à Lyon. L'*Index Methodicus* de M. Boisduval , et le *Catalogue* de Duponchel ne l'indiquent qu'en Sicile.

— UNDULARIA , Bdv. Bitor. Juillet.

Un seul individu en débris, le 16 juillet 1856.

Cabera Commutaria, H. Montpeyroux, sur les peupliers, rare. Juin.

Ephyra Trilinearia, Bork. Puy-Guillaume, taillis de chênes du bois Mariol. Juin.

Acidalia Emarginaria, H. Puy-Guillaume. Juillet.

— Imitaria, H. Puy-Guillaume. Juillet.

Toutes deux sont très-rares, dans les fourrés plantés d'aulnes des bords de la Credogne, près du Layat.

— Asbestaria, Koll. Environs de Thiers. Septembre.

Un seul exemplaire, pris par M. Millière, qui n'a pu préciser la localité. Il a pris aussi à Lyon cette espèce nouvellement découverte, et en a élevé la chenille.

DEUXIÈME PARTIE.

Observations nouvelles sur quelques espèces du Catalogue.

Papilio Podalirius, L.

Je ne reviens sur cette espèce que pour constater une observation sur un de ses remarquables types locaux. Ayant reçu de la Catalogne des chrysalides de la variété *Feisthamelii*, Dup., j'ai pu les comparer à celles de notre type, et n'y ai remarqué aucune différence. J'avais reçu précédemment un certain nombre de *Feisthamelii* à l'état parfait et préparés, et avais cru reconnaître quelques modifications dans la forme. Ayant étalé moi-même sur le vif et en même temps les deux types, je me suis convaincu que ces modifications tenaient uniquement à la préparation. Il n'existe pas moins entre les deux des différences remarquables et constantes. Chez *Feisthamelii*, la côte des ailes supérieures et le bord interne des inférieures sont d'un jaune assez vif : le fond de la couleur est blanc, et les bandes transverses noires ; de plus, les deux bandes noires marginale et anté-marginale des supérieures sont réunies dans leur partie inférieure, excepté dans quelques $\female$, où la bande blanche qui les sépare dans le haut se prolonge en un linéament étroit jusqu'au bord interne. Dans le type d'Auvergne, le fond est d'un blanc plus jaunâtre, sans différence à la côte et au bord interne, les bandes transverses moins franchement noires, la dernière bande blanche des supérieures plus large et toujours entière : de plus, les appendices caudiformes des inférieures sont ordinairement moins longs.

ANTHOCHARIS AUSONIA, Esp.

Elle ne m'a pas paru rare, en août 1854, au sommet de Gravenoire.

POLYOMMATUS GORDIUS, Esp.

J'avais pris, il y a une douzaine d'années, un individu près de Thiers, dans une portion très-pierreuse de la montagne des Champs, et ne l'avais pas revu. En juillet 1856, j'en ai repris 7 à 8, $\male$ et $\female$, sur les rochers de Bitor. Notre type de Thiers paraît intermédiaire entre celui de Gravenoire et celui du Mont-Dore ; le reflet violet est moins vif que dans le premier, mais plus que dans le second.

Lycæna Battus, F.

J'ai pris un individu dans les localités déjà indiquées, au commencement de juillet 1855, ce qui semble indiquer deux époques d'apparition.

Melitæa Didyma, F.

Cette espèce est commune à Bitor, et sur les pentes pierreuses du voisinage. La variété ♀ très-rembrunie s'y trouve plus fréquemment que dans les autres localités, et j'ai pris cette année 1856 une variété ♂ très-curieuse. Aux ailes supérieures, la rangée anté-marginale de taches noires est réduite à de légers vestiges, la médiane a disparu : vers le milieu de la côte existe une très-large tache qui ne se trouve pas dans le type ordinaire, et la base est aussi plus largement noire ; aux inférieures, en fait de taches, il ne subsiste plus que la rangée médiane, où elles ont pris une forme allongée, et le bord abdominal est fortement rembruni. En-dessous, les modifications sont analogues, et aux ailes inférieures, les nombreux traits noirs assez déliés du type sont remplacés par de larges taches plus rares. Cette aberration a quelque rapport avec celle de *Parthenie* que j'ai prise au Mont-Dore, et avec *Charlotta*.

Erebia Euryale, Esp.

Je l'ai vu très-abondant à Pierre-sur-Haute, dans les clairières des parties les plus élevées des bois de sapins, près de la Richarde. Le type est un peu différent de celui du Mont-Dore, et se rapproche davantage de celui des Alpes Valaisanes.

Satyrus Hermione, L.

M. Lamotte m'a communiqué un individu très-remarquable, pris à Mirabelle, près Riom : si dans cette localité tous les sujets sont semblables à celui-ci, ce serait une variété ou type local bien tranché. C'est une ♀ dont la taille égale à peine celle de *Briseis* ♂ : aux ailes supérieures, en dessus, la bande blanchâtre est entière, nullement entamée par les nervures ; la tache apicale noire est petite, non pupillée ; la seconde tache manque tout-à-fait : le dessous présente les mêmes caractères ; mais la tache apicale porte une très-petite pupille blanche, comme dans le type. Aux ailes inférieures, il n'existe aucune trace de la tache anale ; la bande blanche est plus entière, et en-dessous, sa partie interne, qui dans le type ordinaire est entièrement sablée de traits grisâtres, en offre à peine quelques-uns petits et rares. Cet individu se rapproche d'*Alcyone* d'Allemagne, mais s'en distingue très-nettement par le manque de pupille à la tache apicale, et l'absence des deux autres taches noires.

— ACTÆA, Esp.

Il est très-abondant près de Clermont, sur le puy de Montaudoux. Là, comme à Saint-Nectaire, il paraît avoir une prédilection prononcée pour les pentes les plus raides, ce qui rend sa poursuite difficile.

— TITHONUS, L.

J'ai pris dans les rochers qui descendent à la Durole, au-dessus de Thiers, une variété ♀, dont les ailes supérieures sont marquées de deux gros points noirs aveugles, placés au-dessous de l'œil bipupillé, et s'alignant avec lui.

SYRICTHUS FRITILLUM, H.

Cette espèce doit être provisoirement rayée du Catalogue. Elle a servi à en créer tant d'autres, qu'il est très-douteux que le nom primitif de Hübner pût trouver au-

jourd'hui son application. Ce que j'avais nommé d'abord *Fritillum* se rapporte à un type d'*Alveus*, dont les taches blanches sont un peu plus petites.

Zygæna Filipendulæ, L. et Hippocrepidis, Ochs.

Je prends dans les environs de Thiers, dans diverses parties des pentes pierreuses de la rive gauche de la Durole, et notamment à Bitor, une zygène qui paraît tout-à-fait intermédiaire entre les deux. Elle est de la taille de *Filipendulæ*, et ses taches rouges sont de la même teinte ; mais elles sont plus petites, plus arrondies comme dans *Hippocrepidis*, et l'extrémité des antennes est légèrement blanchâtre. J'ai soumis plusieurs fois cette zygène à divers amateurs que je croyais plus habiles que moi : on me l'a nommée tantôt *Hippocrepidis*, tantôt *Filipendulæ*; d'autres fois on l'a rapportée à une variété de cette dernière nommée par quelques Allemands *Alpina*. En présence de ces contradictions, je serais porté à croire que c'est une espèce encore inédite ; mais je ne lui vois pas cependant de caractères spécifiques assez tranchés pour oser lui donner un nom. Je n'ai pu encore trouver la chenille, dont la connaissance déciderait la question.

Melasina Ciliaris, Ochs.

Je n'ai plus repris cette intéressante espèce, classée aujourd'hui dans les Psychides, sous le nom de *Melasina Ciliarella*, Br. Mais, chassant en juin 1854 avec mon ami Millière dans la localité où j'avais vu l'insecte parfait, nous avons trouvé un certain nombre de fourreaux vides, que nous avons très-bien reconnus, d'après les planches de la *Monographie des Psychides* de M. Bruand : ces fourreaux étaient posés à plat sur le sol, sans être fixés à rien : il n'y avait pas d'*Hippocrepis* dans les en-

virons. Au mois de mai dernier j'ai rencontré deux lar-
ves, cette fois vivantes et à moitié de leur taille, sur la
pariétaire *(parietaria diffusa*, M. et K.), en compagnie
d très-nombreuses *Psyche Graminella*. Ces chenilles
ont paru pendant quelques semaines se nourrir en captivité de la même plante, sur laquelle elles venaient se
fixer ; mais elles n'ont pris aucun accroissement, et ont
fini par crever. Le fourreau, très-différent de tous ceux
du genre *Psyche* que je connais, est assez allongé, et
entièrement formé de petits grains de sable.

Nudaria Murina, Esp.

J'ai enfin réussi, et même très-bien, à élever les chenilles, par un procédé que m'ont indiqué mes corres-
pondants et amis, MM. Serisié frères, de Bordeaux,
très-habiles éducateurs. Ce procédé consiste à mettre à
leur disposition des briques ou tuiles couvertes de li-
chens que l'on trempe dans l'eau tous les deux ou trois
jours, plus ou moins, suivant le degré de chaleur et de
sécheresse de l'atmosphère.

Lasiocampa Pruni, L.

Après avoir élevé cinq ans de suite cette espèce, quoique je l'eusse toujours tenue dans des conditions en apparence identiques à celles de l'état de nature, puisque
les chenilles étaient constamment en plein air, sur des
arbres vivants, et emprisonnées seulement dans de larges poches d'une mousseline très-claire qui n'intercep-
tait l'air en aucune façon, j'ai constaté une dégénéres-
cence complète, mais avec des circonstances très-parti-
culières. Cette dernière éducation était de 150 individus environ : les chenilles étaient nées, avaient grossi,
s'étaient transformées en chrysalides, comme les années
précédentes ; mais lors de l'éclosion je remarquai avec

surprise qu'une partie des papillons ne pouvaient développer leurs ailes, ou les conservaient après le développement minces, molles, presque transparentes et à demi-dénudées : plus de moitié se trouvaient dans un de ces deux cas. J'accusai d'abord la température et la position des coques, qui, séparées des poches ou des branches, se trouvaient libres, et n'offraient pas de résistance au moment de la sortie des insectes. Je les fixai aux parois de la caisse, le temps devint sec et chaud, et les choses ne changèrent pas. Les papillons qui se développèrent tout-à-fait n'étaient ni moins colorés ni moins grands que précédemment; mais il me fut impossible d'obtenir un seul accouplement. Ils avaient donc perdu toute propriété reproductive, quoique les apparences extérieures fussent restées les mêmes. Depuis lors j'ai trouvé deux fois seulement la chenille, et les deux fois sur le hêtre.

Limacodes Testudo, G.

La chenille ayant été à l'automne de 1855 beaucoup plus abondante qu'à l'ordinaire, j'en avais recueilli un assez bon nombre, et j'ai observé une particularité qui mérite d'être signalée : j'ignore si elle l'a été déjà. Cette chenille fait en octobre un cocon très-petit, brunâtre, assez solide, où elle passe tout l'hiver et une partie du printemps : elle ne se transforme en chrysalide que vers a fin de mai ou au commencement de juin, et le papillon éclôt au bout d'une quinzaine de jours. C'est le hasard seul qui m'a donné connaissance de ce fait. Ayant vu vers la fin de mai dans les bois un *Testudo* éclos, je craignis que tous mes cocons ne fussent morts, et j'en ouvris plusieurs, où e trouvai les chenilles très-vivantes, mais décolorées leur belle couleur verte avait passé au blanc sale. Huit jours plus tard, j'en ouvris d'autres et y vis des chrysalides encore très-molles : peu de temps après l'éclosion commença. Une observation analogue a été faite sur une Noctuelle, *Eriopus Pteridis*, F.

PLASTENIS RETUSA, L.

Cette Noctuelle doit provisoirement être rayée du Catalogue du Puy-de-Dôme. J'avais pris pour elle un petit type de *Subtusa*, F. J'ai reçu d'Allemagne la véritable *Retusa*, qui est bien différente.

RUSINA TENEBROSA, H.

J'ai pris deux individus à la miellée à Montpeyroux.

HELIOPHOBUS POPULARIS, L.

En septembre 1855, j'ai pris à Montpeyroux cette noctuelle en certaine quantité, en visitant le soir à la lanterne un petit plateau aride, où croissent dans le sable à peu près pur quelques genêts et de maigres graminées. Quoique la localité fût très-voisine de celle où j'avais emmiellé des troncs d'arbres, je n'ai jamais vu un seul *Popularis* sur le miel. Les ♀ que j'avais prises avaient pondu un bon nombre d'œufs, qui ne sont éclos qu'au mois d'avril; les jeunes chenilles, quoique placées dans un pot où j'avais planté des graminées prises sur les lieux mêmes, n'ont vécu que quelques jours, et ont péri. Cette expérience, toute incomplète qu'elle est, dément cependant l'opinion générale des auteurs, que cette espèce passe l'hiver à l'état de chenille.

LUPERINA TESTACEA, W., V.

Je l'ai prise dans les mêmes lieux et les mêmes conditions que *Popularis*, et ai remarqué aussi qu'elle ne venait pas à la miellée.

Dianthoecia Filigrama, Esp.

Nom à rayer du Catalogue pour le remplacer par *Xanthocyanea*, H. (Voir la première partie).

Cucullia Lychnitis, Ramb.

A la fin de juillet 1854 je trouvai la chenille en grand nombre sur divers *verbascum* rameux, dans les grèves de la Credogne, entre le Layat et Puy-Guillaume. La majeure partie étaient ichneumonées : de celles qui ont survécu, un tiers seulement m'ont donné leurs papillons au mois de juin suivant, et le reste l'année d'après. Ce fait a déjà été remarqué pour d'autres espèces du même genre.

Catocala Elocata, Esp.

J'ai enfin réussi, après de nombreux essais toujours infructueux, à obtenir des œufs fécondés de cette Noctuelle, et j'ai pu ainsi observer la chenille bien authentique. Elle est bien plus éloignée de *Nupta* que l'on ne le pense généralement, et se rapproche davantage d'*Electa*. Les bandes longitudinales sont à peu près les mêmes, mais le fond de la teinte est plus foncé : le tubercule du huitième anneau est presque semblable ; mais ce qui la distingue à première vue, c'est l'absence d'espace jaunâtre derrière ce tubercule, et la tête non lavée de rose. En captivité *Elocata* chrysalide dans une coque entre les feuilles, comme dans la nature, tandis que *Fraxini*, changeant complétement ses habitudes, descend toujours, pour se transformer, dans la mousse qu garnit le fond des caisses.

Hemithea Putataria, L.

Autre nom à rayer, pour le remplacer par *Æruginaria*, W., V. (Voir la première partie).

Metrocampa Honoraria, W., V.

La chenille a été à l'automne de 1855 bien plus abondante que je ne l'avais jamais vue, et j'avais pu en recueillir près de 300. Quoique leur éducation n'ait pas bien réussi, j'ai cependant obtenu un certain nombre de papillons, et ai pu observer, bien mieux que je ne l'avais encore fait, les variations du type. Elles sont moins considérables que je ne l'avais cru, le hasard ayant voulu que les sujets peu nombreux que j'avais obtenus précédemment représentassent les extrêmes. Le ☿ est très-constant en taille et en couleur; mais quelques-uns, en très-petit nombre, se font remarquer par un pointillé brunâtre sur les ailes supérieures. C'est ce même pointillé, quelquefois complétement nul, quelquefois épais et serré à sabler toute la surface des ailes, le plus ordinairement entre ces deux limites, qui produit une foule de variations chez la ♀ : quant à sa taille, elle va du simple au double.

Ennomos Erosaria, W., V.

Cette géomètre a deux apparitions par an, la première en juillet et août, la seconde en octobre: les œufs de la deuxième ponte passent l'hiver et n'éclosent qu'en mai. Ces œufs sont très-remarquables par leur forme, qui se rapproche de celle d'un domino, et leur couleur vert obscur.

Tephrosia Crepuscularia, W., V.

Ayant pris en mai 1856 une ♀ sur le tronc d'un chêne près de Paslières, et en ayant obtenu quelques œufs, je les ai placés tout naturellement sur un arbre de même espèce : les chenilles s'en sont très-bien accommodées; mais j'ignore si c'est leur nourriture ordinaire.

LARENTIA DUBITARIA, Bdv.

En mai 1854, je pris la chenille assez abondamment près de Montpeyroux, sur le nerprun (*Rhamnus catharticus*, L.). Je ne l'ai pas revue les années suivantes.

ACIDALIA AVERSARIA, H.

J'ai retrouvé cette espèce sur les bords de la Durole, et dans les bois de chênes de Puy-Guillaume et Châteldon. Elle offre quelquefois une variété où la bande médiane est réduite aux deux lignes qui la bordent : cette variété se rapproche de *Suffusaria*, Bdv., de Hongrie.

Thiers, novembre 1856.

Clermont, impr. de Ferdinand Thibaud.